FORSCHUNGSBERICHT DES LANDES NORDRHEIN-WESTFALEN

Nr. 2733/Fachgruppe Maschinenbau/Verfahrenstechnik

Herausgegeben im Auftrage des Ministerpräsidenten Heinz Kühn
vom Minister für Wissenschaft und Forschung Johannes Rau

Prof. Dipl.-Ing. Richard Schulz
Fachhochschule Bielefeld, Fachbereich Elektrotechnik

Adaptive Leistungsregelung einer Mahlanlage

Westdeutscher Verlag 1978

CIP-Kurztitelaufnahme der Deutschen Bibliothek

Schulz, Richard
Adaptive Leistungsregelung einer Mahlanlage. -
1. Aufl. - Opladen: Westdeutscher Verlag, 1978.
(Forschungsberichte des Landes Nordrhein-Westfalen ; Nr. 2733 : Fachgruppe Maschinenbau, Verfahrenstechnik)
ISBN 978-3-531-02733-3 ISBN 978-3-663-06771-9 (eBook)
DOI 1.1007/978-3-663-06771-9

Gesamtherstellung: Westdeutscher Verlag

ISBN 978-3-531-02733-3

Inhalt

1. Einleitung

Die Zerkleinerung von harten Materialien in großen Massenströmen (Schotter, Erze, Kohle) ist ein wichtiger Abschnitt des verfahrenstechnischen Prozeßablaufes in Zementwerken, Hüttenwerken und Kraftwerken.

Oft werden für diesen Zweck Kugelmühlen angewendet. Im Prinzip handelt es sich um ein drehbares Rohr Ø 4 - 6 m und 10 - 15 m lang, welches zu ca. 20% seines Volumens mit Mahlkörpern (Stahlkugeln) gefüllt ist. Die Rohrdrehzahl wird so eingestellt, daß Mahlgut und Mahlkörper mit der sich bewegenden Rohrwand bis zu einer gewissen Höhe hochgetragen werden und dann zurückfallen. Die kinetische Energie dieser Wurfbewegung bewirkt die Zerkleinerung des Mahlgutes.

Der Energiebedarf wird ausschließlich mit elektrischer Energie gedeckt. Somit gehören Mahlanlagen zu den dominierenden Energieverbrauchern jedes verfahrenstechnischen Prozesses.

2. Allgemeiner Stand

Außer der wirtschaftlichen Bedeutung von Energie-Einsparungen ist vor allem die Realisierbarkeit einer optimalen Leistungsregelung nicht nur bei Neuinvestitionen, sondern auch in bestehenden Zementwerken, Hüttenwerken und Kraftwerken zu berücksichtigen. Diese sind in der Regel mit einer analogen Leistungsregelung ihrer Kugelmühlen ausgestattet (1,2). Die kontinuierliche Messung des Fertiggutstromes ist in vielen Werken nicht vorhanden. Dies muß bei der Planung einer optimalen Konzeption mit in Betracht gezogen werden. Oft ist die Leistungsregelung in bestehenden Werken so aufgebaut, daß das Signal des Frischgutstromes mit dem des Rückgutstromes zusammenaddiert gegen einen festen Sollwert aufgeschaltet und auf einem analogen PI-Regler verarbeitet wird. Dieses Regelschema entspricht in etwa den statischen Forderungen der Mahltechnik, d. h. konstante Mahlfeinheit ist bei konstantem Aufgabestrom (Rückgut und Frischgut) zu erreichen. Änderungen der Mahlbarkeit wirken sich auf den Grießestrom aus und werden durch entsprechende Korrekturen des Frischgutstromes kompensiert. Auf diese Weise wurde schon in weiter Vergangenheit jede Kugelmühle "von Hand" gesteuert. Bei der Umsetzung dieser Betriebsweise in eine Reglerschaltung wurde leider auch nur dieser Grundgedanke verfolgt und das dynamische Verhalten der Mahlanlage vernachlässigt (5).

Um ein besseres Automatisierungskonzept auszuarbeiten, ist es notwendig, die Vorgänge beim Zerkleinern aus statischer und dynamischer Sicht zu beschreiben (2,3,4,5,6,7). Eine optimale Leistungsregelung muß sowohl die Wirtschaftlichkeit des Mahlprozesses als auch die technische Realisierbarkeit in dem jeweiligen Werk berücksichtigen.

3. Füllgradregelung

Von besonderer Bedeutung für Energieverbrauch und verfahrenstechnischen Wirkungsgrad ist der Füllgrad der Mühle. Diesen direkt zu bestimmen, ist bisher nicht möglich. Man muß sich mit Messung von Hilfsgrößen (z.B. Becherwerksleistung, Lautstärke des Mahlvorganges) begnügen.

Wie bekannt, ist der ideale wirtschaftliche Betriebspunkt einer Kugelmühle identisch mit dem zulässigen maximalen Füllgrad, und der ist gleichzeitig die Stabilitätsgrenze ihrer Leistungsregelung. Deswegen werden Füllgradregler durch einen ihnen übergeordneten Regler an die Mahlbarkeit des Frischgutes und den Betriebszustand der Mühle (Abnutzung der Kugelfüllung usw.) angepasst. Die ständige Adaption vom Sollwert des Füllgradreglers an das momentane Prozeßverhalten bewirkt das Ausgangssignal eines überlagerten Leistungsreglers.
Im wesentlichen sind dazu zwei Konzeptionen entwickelt worden und betriebserprobt.

4. Stetige Leistungsregelung

Grieße- und/oder Fertiggutstrom-Signale werden mit einem Sollwert verglichen und im herkömmlichen analogen Regler 1 verarbeitet Abb. 1.

Änderungen im Mahlprozeß wirken sich sowohl im Fertiggut- als auch im Grießestrom aus. Viele Kugelmühlen werden aber ohne Messung des Fertiggutstromes betrieben. Dann kann der Grießestrom die Regelgröße sein. Der Sollwert ist aus Vorversuchen für die erwünschte Fertiggutqualität bekannt. Plötzliche Veränderungen im Mahlprozeß wirken sich aber im Grießestrom und auch im Fertiggutstrom erheblich verzögert aus. Eine Hilfsregelgröße vom Füllgrad bringt Abhilfe. Dazu ist die Verwendung eines Signals von der Becherwerksleistung oder vom Schall des Mahlvorganges üblich. Das Signal von der Becherwerksleistung muß nur galvanisch getrennt am Meßumformer der Starkstromausrüstung abgenommen werden. Hiermit sind zwar Schwankungen im Mühlenaustrag wiedergegeben, aber die eindeutige Information über Änderungen des Zerkleinerungsfortschrittes bleibt aus.

Der Schall des Mahlvorganges wiedergibt sehr schnell bei unveränderter Frischgutzufuhr eine Änderung der Mahlbarkeit. Richtig dimensionierte und sorgfältig eingebaute Schalldruckaufnehmer liefern in der Regel ein repräsentatives und reproduzierbares Signal. Nach weiterer Signalaufbereitung ist es möglich, den Sollwert des Füllgradreglers 4 unverzüglich so zu adaptieren, daß der in Betriebsversuchen ermittelte maximale Füllgrad optimal erreicht wird. Der tatsächliche Füllgrad wird zum maximalen so nahe wie möglich gebracht, ohne aber diesen zu überschreiten und somit die Mühle mit rückläufigem Zerkleinerungsfortschritt auch nur vorübergehend zu betreiben.

Dies wird durch den Regler 2 bewirkt, der zwischen Leistungs- und Füllgradregler angeordnet ist. Seine Regelgröße ist die Wahrscheinlichkeit des Füllgrad-Signales (2,12). Die entsprechende Signalaufbereitung 3 realisiert die Gleichung

$$w(x_h) = \int_0^\infty \left[\frac{x_h - \bar{x}_h}{x_{hm} - \bar{x}_h}\right]^2 dt$$

Damit wird eine Adaption des Füllgradregler-Sollwertes herbeigeführt, ohne auf weiter verzögerte Auswirkungen des Leistungsreglers erst warten zu müssen.

In Abb. 2 wird eine sprungartige Änderung der Mahlbarkeit in ihrer Auswirkung auf den geregelten Füllgrad wiedergegeben. Ohne adaptierenden Regler 2 (Abkürzung AR) und ohne Leistungsregler 1 bleibt der Füllgrad x_h entsprechend w_1 = konst unverändert. Die Wahrscheinlichkeit q sinkt dabei in einen niedrigeren neuen Beharrungszustand. Die Mühle ist dem jetzt zugeführten leichter mahlbaren Gut nach zu wenig gefüllt. Mit AR wird zum festen Sollwert w_1 das Ausgangssignal des adaptierenden Reglers y_q hinzu addiert. Der resultierende Sollwert w' des Füllgradreglers 4 wird einer Änderung der Mahlbarkeit schnell nachgeführt, d. h. x steigt. Somit kann auch x_h, q zu seinem alten Beharrungszustand durch gesteigerte Frischgutzufuhr gebracht werden. Die momentan verfügbare Mahlleitung ist wieder voll genutzt. Die Auswirkung einer sprungartigen Änderung der Frischgutzufuhr zeigt Abb. 3.

Der bessere Verlauf von x_h, q mit AR ist auch hier dem schnellen Anpassen von w' zuzuschreiben. Diese Kaskadenschaltung des Füllgradreglers 4 mit dem adaptierenden Regler 2 kann somit ohne überlagerten Leistungsregler 1 den Sollwert des Füllgradreglers dem Mahlvorgang anpassen. Das ist für den Durchlaufbetrieb der Kugelmühle vorteilhaft. Auch bei Umlaufbetrieb ohne verläßliche Rückgut- oder Fertiggutmessung ist diese Schaltung gut zu verwenden.

Für den Betrieb mit konstanter Umlaufzahl oder konstantem Grießestrom wurde die Kaskadenschaltung mit dem den Regler 2 überlagernden Leistungsregler 1 erprobt. Der Regler 2 addiert zum festen Sollwert w_2 noch das Ausgangssignal y_q als gleitenden Sollwert hinzu. Je nach Bauart des Reglers 1 kann w_2 durch den Sollwertsteller w_3 ersetzt werden (wenn Regler 1 auf "Hand" umgeschaltet ist).

Der zeitliche Verlauf von x, x_h, y zeigt in Abb. 4,5 deutlich, daß mit AR bei Änderung der Mahlbarkeit eine frühere Korrektur des Frischgutstromes y auch eine geringere Abweichung von x zur Folge hat. Wesentlich für dieses Verhalten ist wieder die fast sprungartige Anpassung von w' durch das Signal y_q.

Die weit spätere Reaktion des Signales y_g verdeutlicht den zeitlichen Vorsprung des Wahrscheinlichkeitssignales. Das Führungsverhalten dieser 2-fachen Kaskadenschaltung ist in Abb. 6,7 verdeutlicht. Die vorteilhafteren zeitlichen Verläufe der charakteristischen Größen des Regelkreises mit AR geben die gute Brauchbarkeit auch in diesem Betriebsbereich des Umlaufbetriebes wieder. Das gleiche gilt auch für den Durchlaufbetrieb Abb. 8.

5. Nichtstetige Leistungsregelung

Auch diese beinhaltet außer dem Leistungsregler 1 einen ihm unterlagerten Füllgradregler Abb. 9. Für die Hilfsregelgröße trifft damit das gleiche zu wie bei stetiger Leistungsregelung. Die Regler werden im Prozeßrechner verwirklicht. Der Rechner steht jedem Regelkreis nicht stetig, sondern nur zu diskreten Zeitpunkten für sehr kurze Zeiten zur Verfügung. Danach ist der Rechner entsprechend der Zykluszeit von 1 - 2 Minuten im Regelkreis nicht anwesend. Bei einer Zeitkonstante der Füllgradregelstrecke von 3 - 5 Minuten ist im Vergleich zum analogen Regler eine erhebliche Verschlechterung der Regelgüte die Folge. Eine Verkürzung der Zykluszeit führt zu einer großen Beschäftigung des Prozeßrechners mit einer primitiven Aufgabe.

Der Leistungsregler maximisiert den Fertiggutstrom (3,4) Hierbei wird die Frischgutzufuhr so lange gesteigert, bis der Zerkleinerungsfortschritt sein Vorzeichen ändert und anfängt, sich zu verkleinern. Erst dann wird die Frischgutzufuhr verringert, um wieder vergrößert zu werden - je nachdem, wie der Zerkleinerungsfortschritt reagiert, Abb. 10, 11. Da aber der Zusammenhang zwischen maximalem Füllgrad und Zerkleinerungsfortschritt des Mahlvorganges nicht exakt reproduzierbar und scharf ausgeprägt ist, muß die Extremwertregelung sehr umsichtig, d. h. ziemlich langsam arbeiten.

Der Extremwertregler Abb. 12, 13 verändert so lange den Frischgutstrom, bis der Korrelationskoefizient null ist. Damit ist das jeweilige Maximum gefunden, aber durch das andauernde Testsignal verursacht, pendelt der Momentanwert aller Prozeßgrößen symetrisch weiter. Dadurch werden nicht nur Dosierbandwaagen ununterbrochen strapaziert, sondern es werden Betriebszeiten mit positivem Zerkleinerungsfortschritt von denen mit rückläufigem Zerkleinerungsfortschritt ständig abgelöst. Dies geschieht auch dann, wenn der Mahlprozeß an und für sich im Beharrungszustand wäre.

Einzelne Regelparameter (z. B. Periodendauer, Amplitude der rechteckförmigen Testschritte usw.) müssen nach genauer Kenntnis jeweiliger dynamischer Eigenschaften des geregelten Prozesses eingestellt sein (3,4). Somit benötigt diese Regeleinrichtung auch eine selbsttätige Prozeßkennwertermittlung. Aber auch die braucht eine gewisse Zeit bei stationärem Prozeßgeschehen, bis sie verbindliche Aussagen für die Adaption der Reglerparameter liefern kann. Je nach Identifikationsverfahren werden Zeitbereiche von vielen Stunden bis zu einigen Tagen dazu gebraucht (10).

Wird die Mahlanlage täglich abgestellt, reicht die kurze Betriebsdauer bei den gängigen Methoden oft nicht aus, um einen stationären Betrieb mit optimal angepasster Regeleinrichtung herbeizuführen. Man ist gezwungen, auf Erfahrungswerte zurückzugreifen, die oft erheblich vom jeweiligen Prozeßverhalten abweichen. Besonders bei Regelalgorithmen höherer Ordnung ist der Verlust an Regelgüte weitaus größer, als es mit herkömmlichem PID-Regelalgorithmus der Fall wäre (11).

Zusammenfassung

Die optimale Verwirklichung einer Leistungsregelung von Kugelmühlen bietet die hybride Regeleinrichtung. Die unterlagerte Füllgradregelung ist effektiver mit einem kontinuierlichen Analogregler als mit einem diskontinuierlichen Digitalregler zu betreiben. Als Hilfsgröße ist das Signal vom elektrischen Ohr dem Signal von der Becherwerksleistung vorzuziehen.

Die Wahrscheinlichkeitsberechnung des Füllgrades bewirkt eine Vorsteuerung der Frischgutzufuhr, ohne auf entsprechend weiter verzögerte Auswirkungen im Austragsstrom der Mühle warten zu müssen. Mit diesem Regelsignal kann jede einschleifige Leistungsregelung in eine vorteilhafte Kaskadenregelung erweitert werden. Ob der Leistungsregler mit PID oder mit Regelalgorithmen höherer Ordnung ausgelegt werden soll, ist von der Füllgradregelung selbst unabhängig und von Fall zu Fall nach anderen Kriterien zu entscheiden. Die Extremwertregelung erfordert einen Digitalrechner. Zu diesem Zweck sind vor allem Mikrorechner vorteilhaft. Im Vergleich zum herkömmlichen Prozeßrechner sind für diese Aufgabe die Anschaffungskosten wesentlich niedriger und somit die Möglichkeit realisierbar, je einen autonomen Mikroprozeßrechner z. B. für den Drehofen, die Rohmehlmühle und die Zementmühle einzusetzen. Die Vorteile dieser Lösung - die Redundanz der Automatisierungseinrichtung - werden dabei durch die anfallenden Anschaffungs- und Betriebskosten nicht geschmälert. Ähnlich wie bei analogen Regelsystemen sind auch beim Mikroprozeßrechner einzelne Funktionsgruppen als steckbare Bausteine auswechselbar. Einige Ersatzbausteine auf Lager gehalten ermöglichen es, auf teure Wartungsverträge herkömmlicher Prozeßrechner zu verzichten. Gute Regelergebnisse sind im Regelkreis sowohl von der Regeleinrichtung als auch von der Regelstrecke bestimmt. Dem entsprechend muß in allgemeinen Richtlinien für die Projektierung und Inbetriebnahme von Automatisierungseinrichtungen an Kugelmühlen daran erinnert werden:

1. Alle Glieder des Regelkreises (Stellgetriebe, Bandwaagen usw.) sollen ihren nominellen Arbeitspunkt im möglichst linearen Bereich haben, vor allem dürfen sie nicht in einer Endlage betrieben werden;

2. Die Transportzeit des Frischgutes zwischen Stelleinrichtung (Dosierbandwaage) und Mühleneinlauf soll so kurz wie nur möglich sein;

3. Es sollen möglichst keine Einstiege an der Mühlenaußenwand in der ersten Hälfte der Grobkammer sein, da sie das Anbringen des elektrischen Ohres behindern;

4. Die Regeleinrichtung muß vom betriebsinternen Meß- und Regelmechaniker in Stand gehalten werden können;

5. Die Anschaffungskosten der Regeleinrichtung müssen so niedrig sein, daß eine Lagerhaltung aller wichtigen Ersatzbausteine beim Betreiber vertretbar ist;

6. Bei der Leistungsregelung ist eine Kaskadenregelung einem einschleifigen Regelkreis grundsätzlich vorzuziehen. Dies ist auch bei nichtstetiger Regelung (Prozeßrechner) der Fall.

6. Literaturverzeichnis

1. Hummel, D.: Messungen und Regelungen in Zementfabriken und verwandten Betrieben
Herausgeber: Hartmann & Braun AG, Ffm., 1962

2. Schulz, R.: Adaptive Regelung einer Rohmehlmahlanlage, Sprechsaal H. 6/1973, S. 223-225
Vortrag Aussprachetag "Industrielle Anwendung adaptiver Systeme"
TU Freiburg - April 1973

3. Schulze, H.: Adaptive Verfahren zur digitalen Regelung von Kugelmühlen in Zementwerken, Regelungstechnik und Prozeß-Datenverarbeitung 22 (1974) H. 6, S. 174-177

4. Keviczky, L.: Udvardi, I. : Bànqàsz, Cs.: Optimization of a cement mill by correlation technique, simulation results
8th AICA Congress Delft 1976
North Holland Publishing Company (1976)
S. 737-745

5. Schacknies, G.: Dynamische Effekte von Mahlanlagen, Verfahrenstechnik 6. Jg. 1972, H. 2, S. 1-5

6. Korn, M.: Vorgänge beim Zerkleinern von Kornkollektiven in einer Kugelmühle, Aufbereitungstechnik 1970, Nr. 6, S. 327-333

7. Climent Reig M.: Einflußfaktoren auf die Verweilzeit in Zementmühlen, Zement-Kalk-Gips 1972, Nr. 5, S. 245-247

8. Stewart, P.S.B.: The control of wet grinding circuits, Australian Chemical Processing and Engineering - July 1970, S. 22-33

9. Lynch, A.J.: Automatic Control System for Mineral Grinding Circuits
Electrical Engineering Transactions, March 1969, S. 101-107

10. Isermann R.: Exp. Analyse (Identifikation I)
Theor. Analyse (Identifikation II)
Bibliographisches Institut AG,
Mannheim 1971 - Bd. 515, 764

11. Unbehauen, H.: Kneppo, P. : Rechnergestützter Entwurf von Regelalgorithmen für Prozeßrechner,
Regelungstechnik und Prozeßdatenverarbeitung 1976, H. 6

12. Schulz, R.: Leistungsregelung einer Kugelmühle,
Zement-Kalk-Gips 1977, Nr. 2, S. 49-52

7. Abbildungen

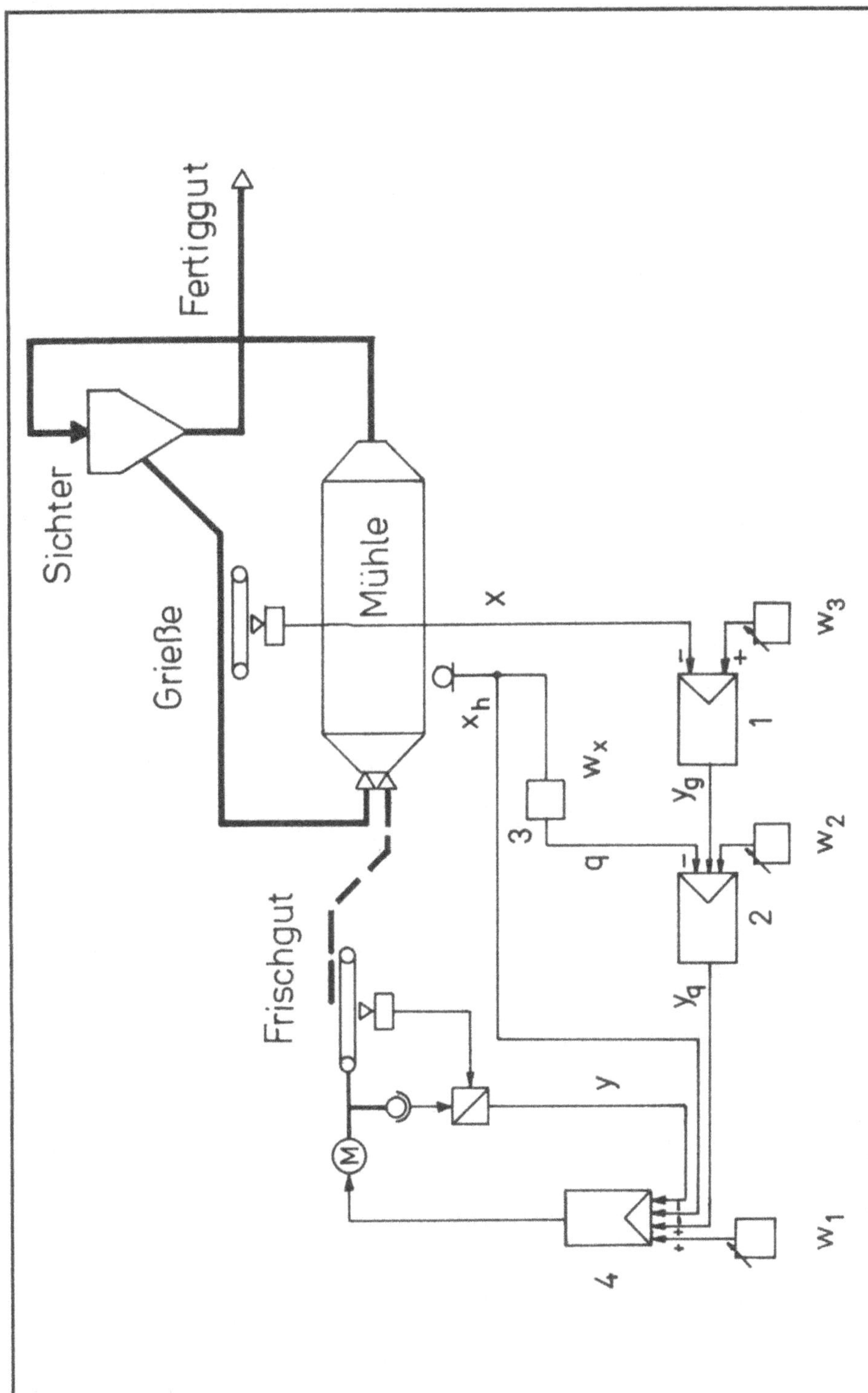

Abb. 1 Regelschema "Leistungsregelung mit wahrscheinlichem Füllgrad"

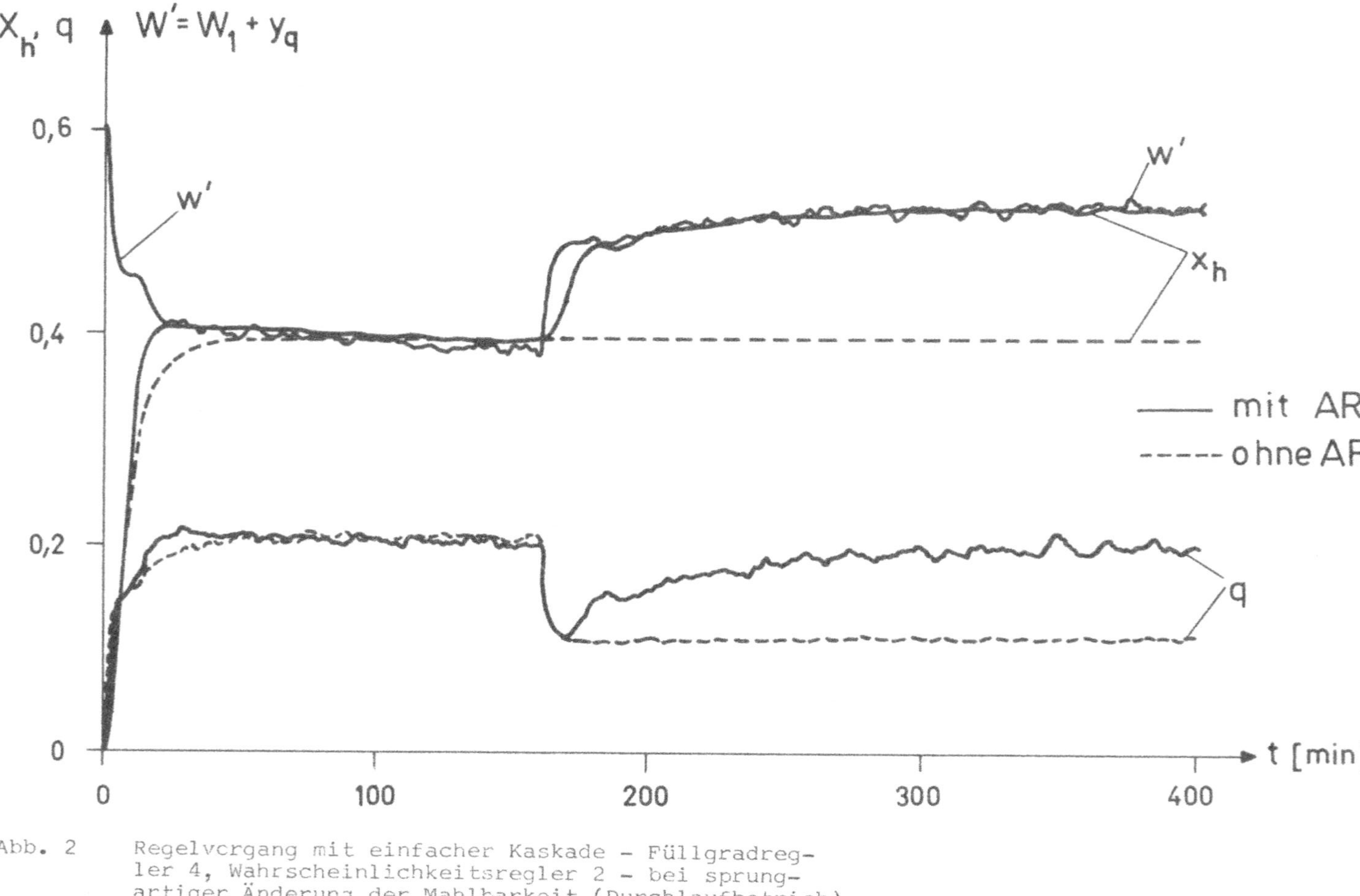

Abb. 2 Regelvorgang mit einfacher Kaskade - Füllgradregler 4, Wahrscheinlichkeitsregler 2 - bei sprungartiger Änderung der Mahlbarkeit (Durchlaufbetrieb)

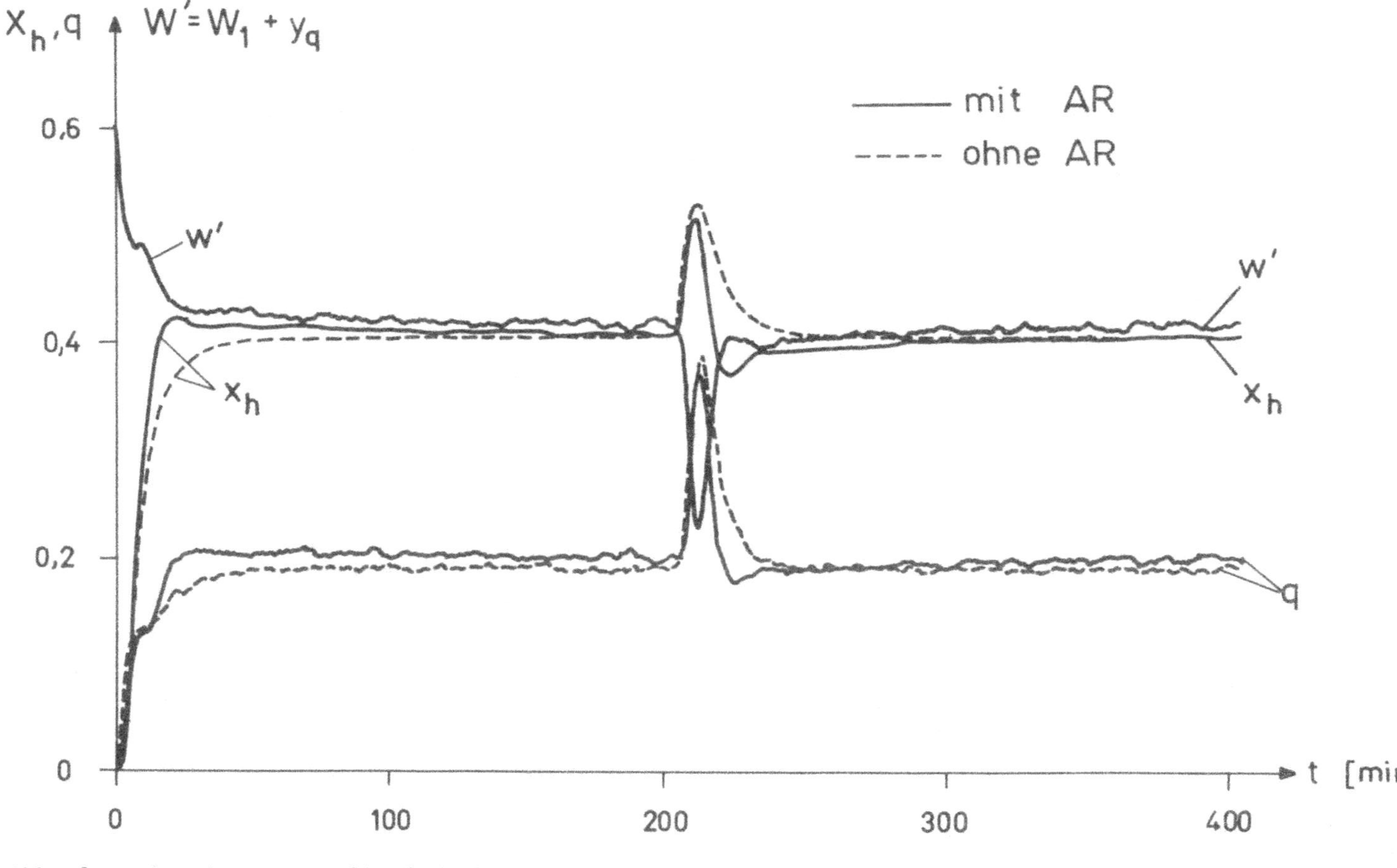

Abb. 3 Regelvorgang mit einfacher Kaskade bei sprungartiger Änderung der Frischgutzufuhr (Durchlaufbetrieb)

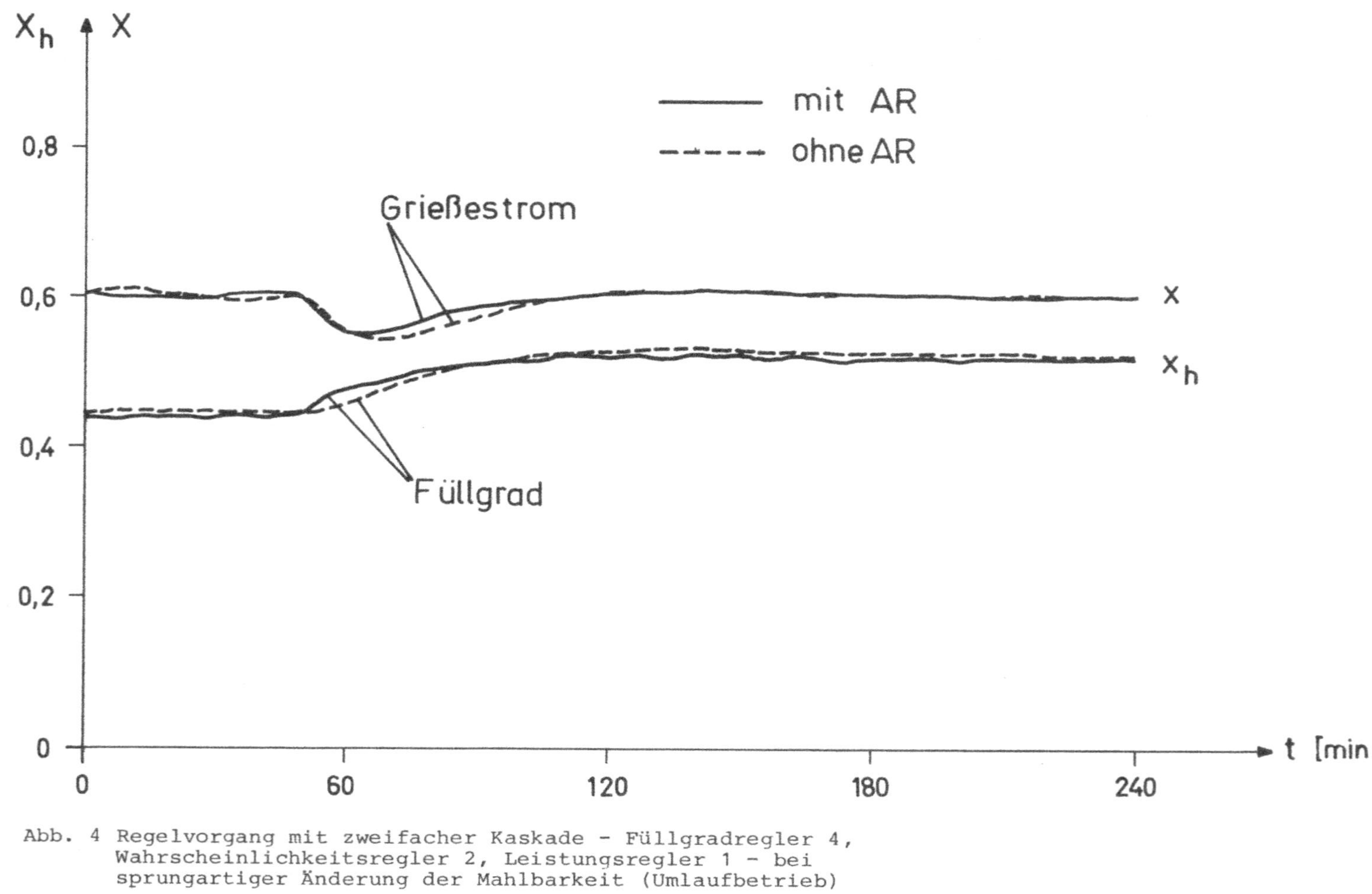

Abb. 4 Regelvorgang mit zweifacher Kaskade - Füllgradregler 4, Wahrscheinlichkeitsregler 2, Leistungsregler 1 - bei sprungartiger Änderung der Mahlbarkeit (Umlaufbetrieb)

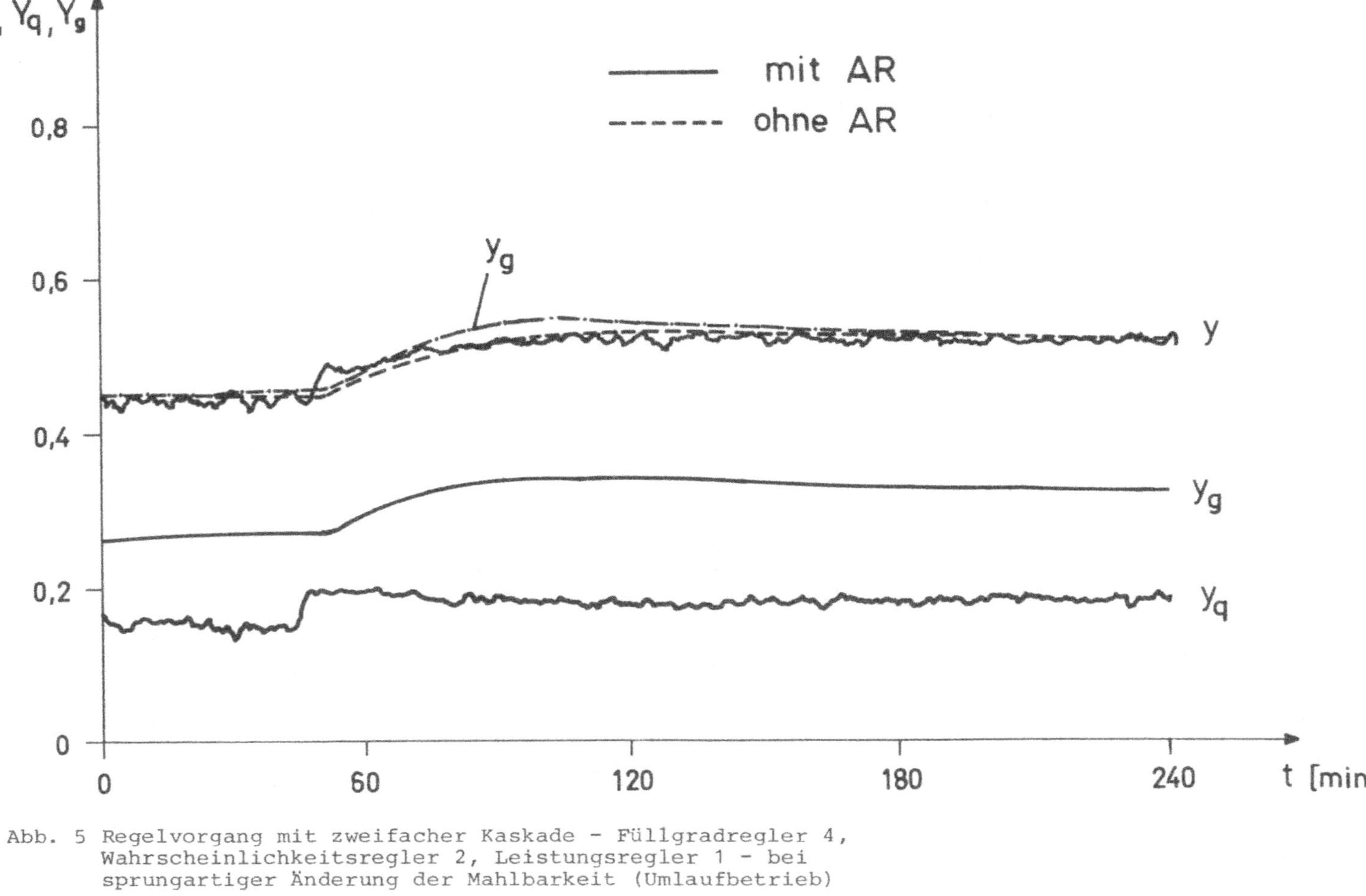

Abb. 5 Regelvorgang mit zweifacher Kaskade - Füllgradregler 4, Wahrscheinlichkeitsregler 2, Leistungsregler 1 - bei sprungartiger Änderung der Mahlbarkeit (Umlaufbetrieb)

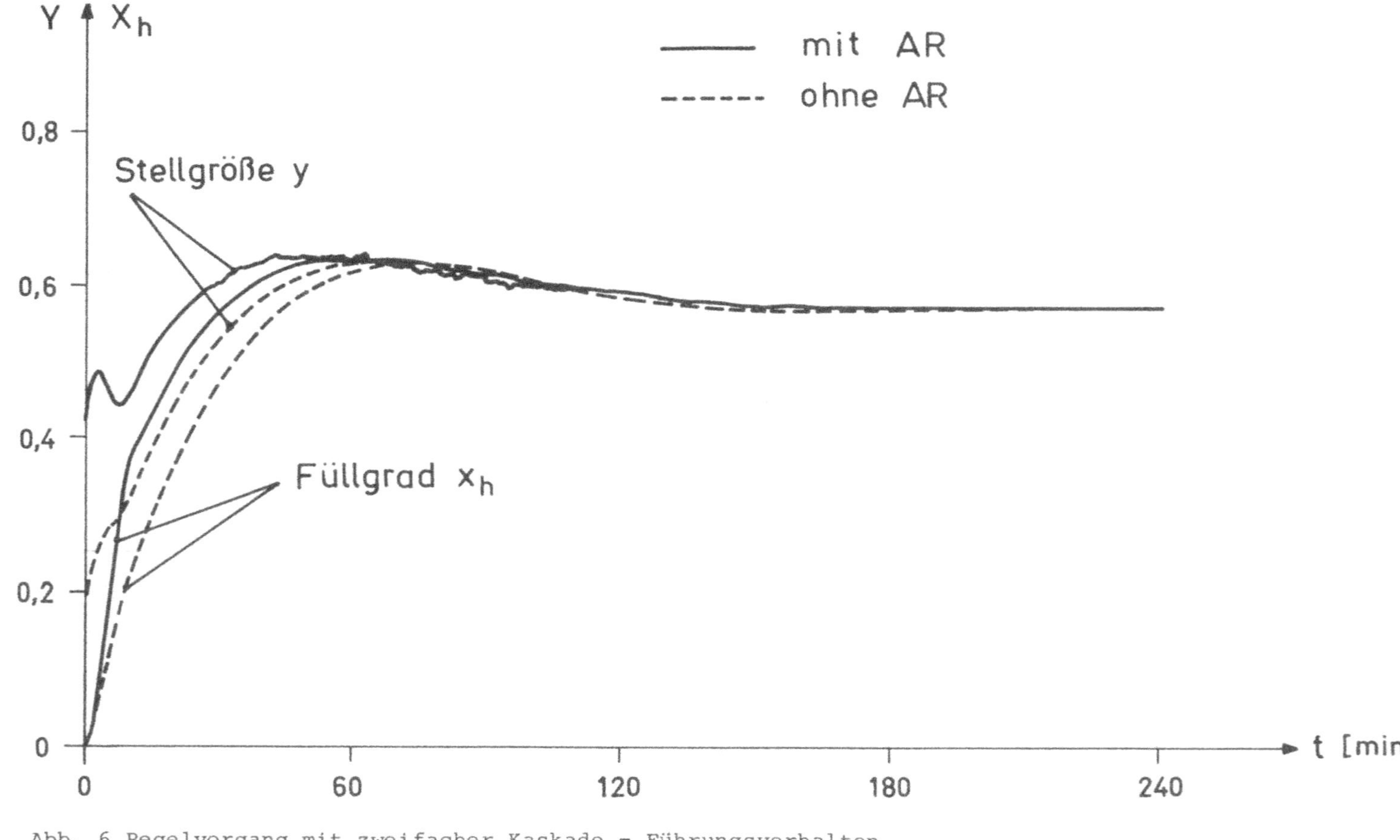

Abb. 6 Regelvorgang mit zweifacher Kaskade - Führungsverhalten (Umlaufbetrieb)

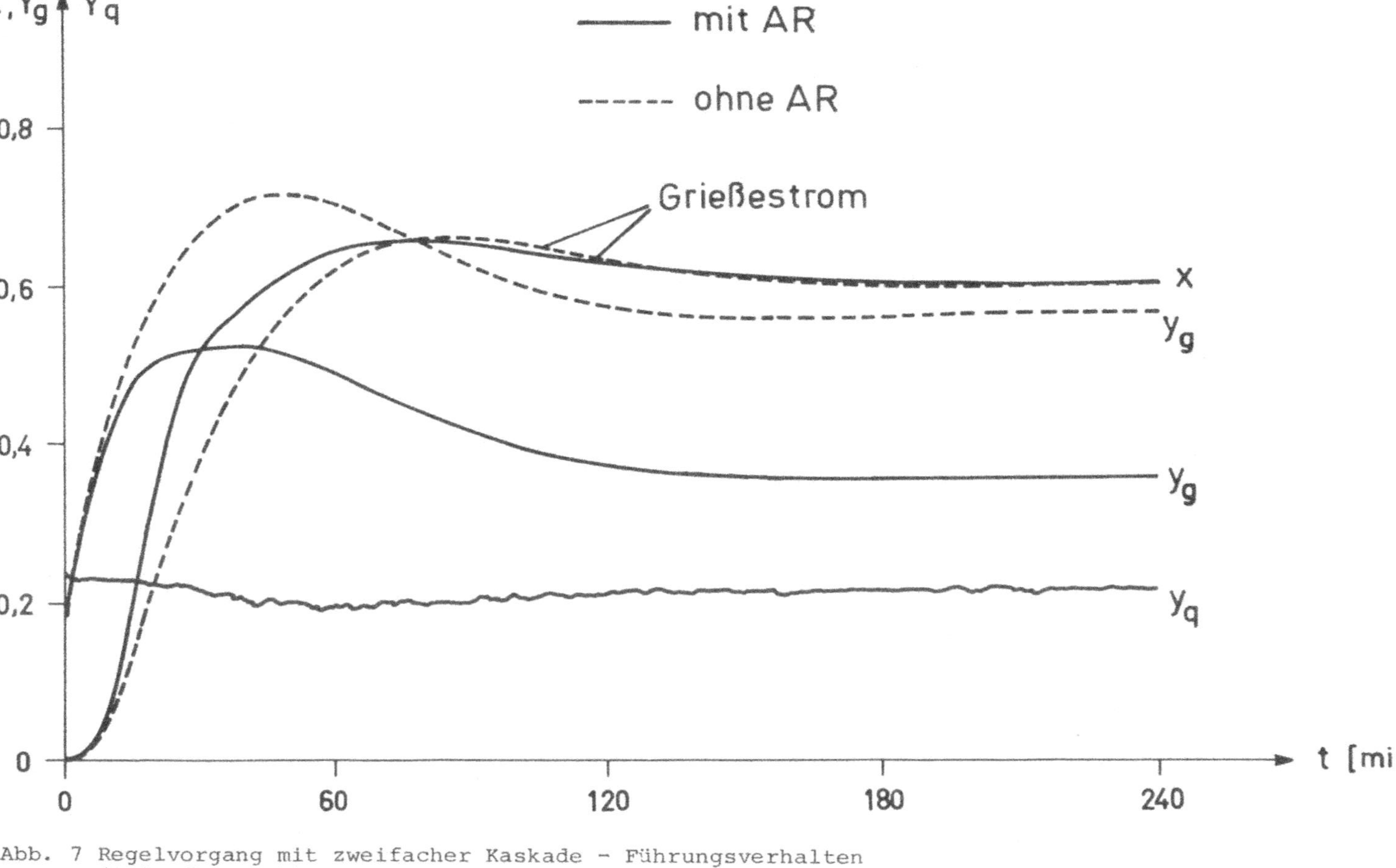

Abb. 7 Regelvorgang mit zweifacher Kaskade - Führungsverhalten (Umlaufbetrieb)

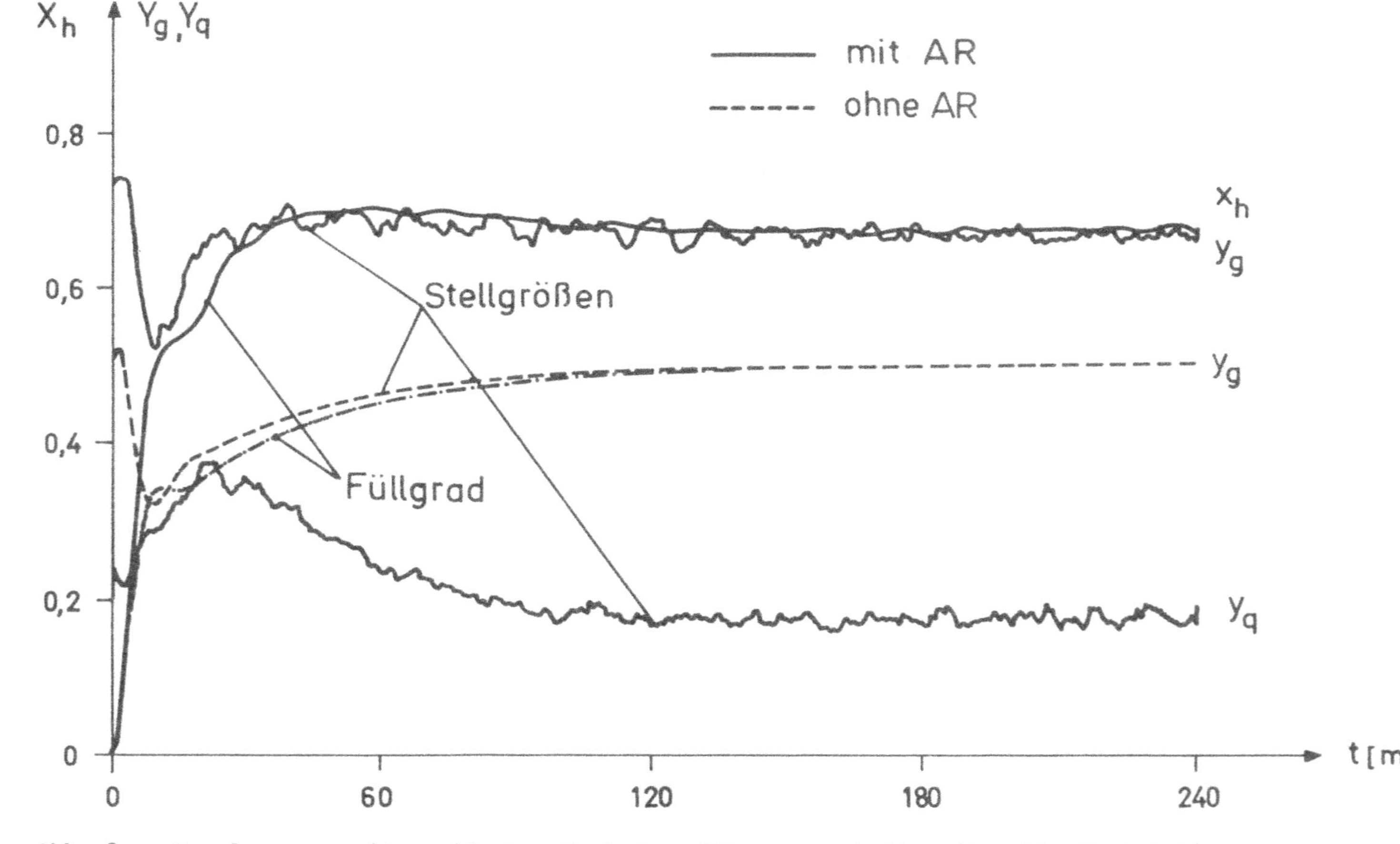

Abb. 8 Regelvorgang mit zweifacher Kaskade - Führungsverhalten (Durchlaufbetrieb)

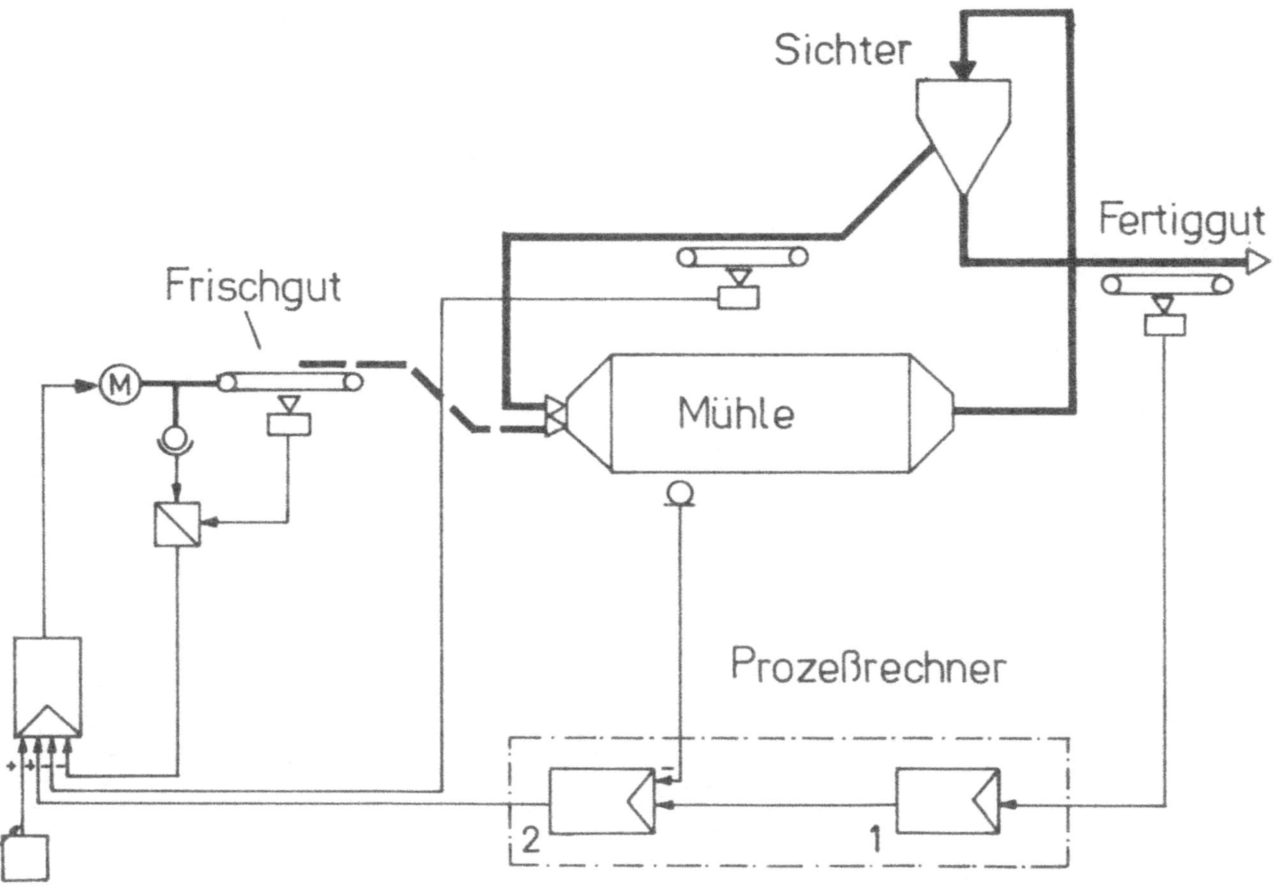

Abb. 9 Regelschema "Nichtstetige Leistungsregelung mit Extremwertregler"

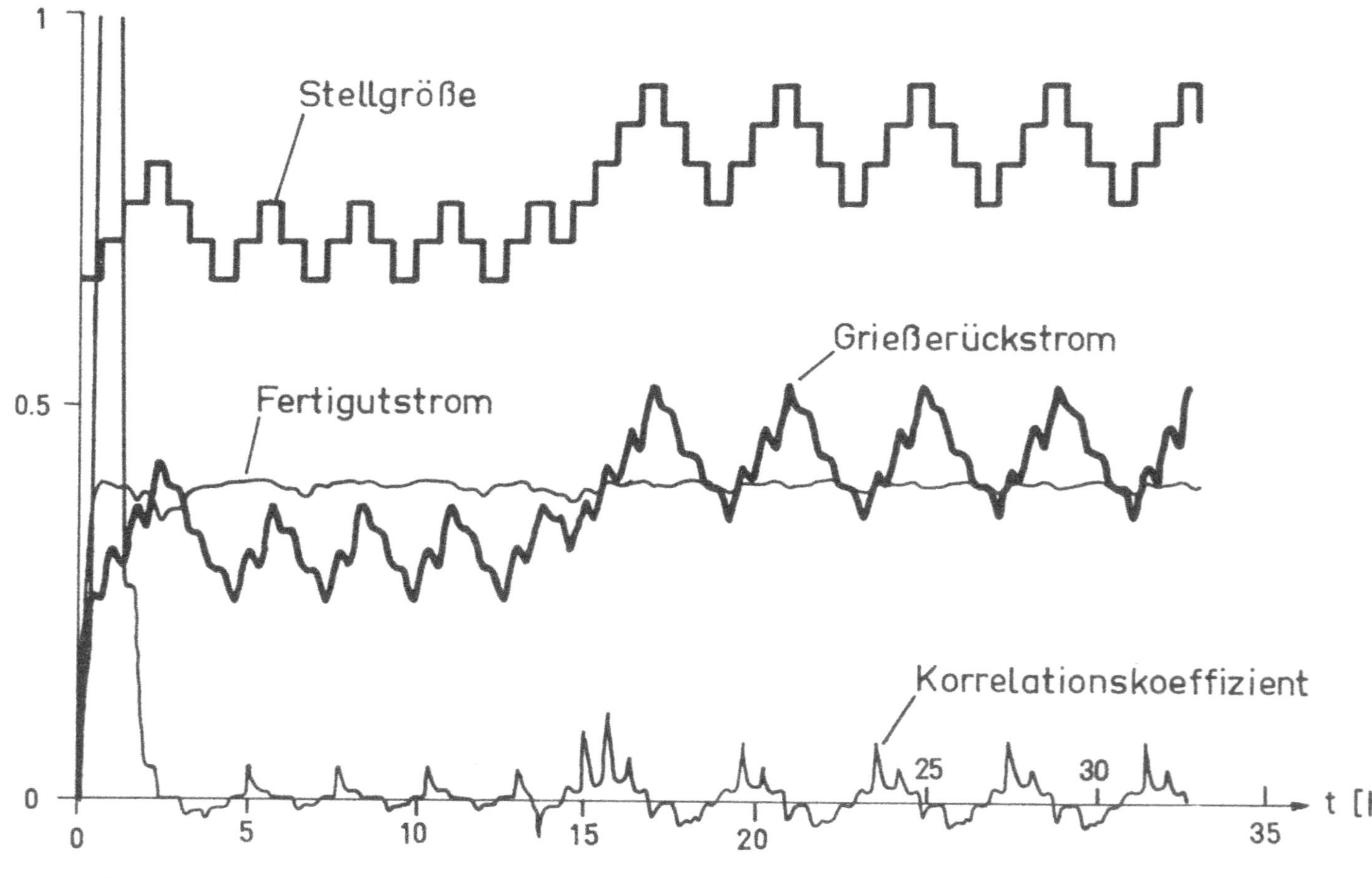

Abb. 10 Regelvorgang mit Extremwertregelung bei sprungartiger Änderung der Sichterdrehzahl (Umlaufbetrieb)

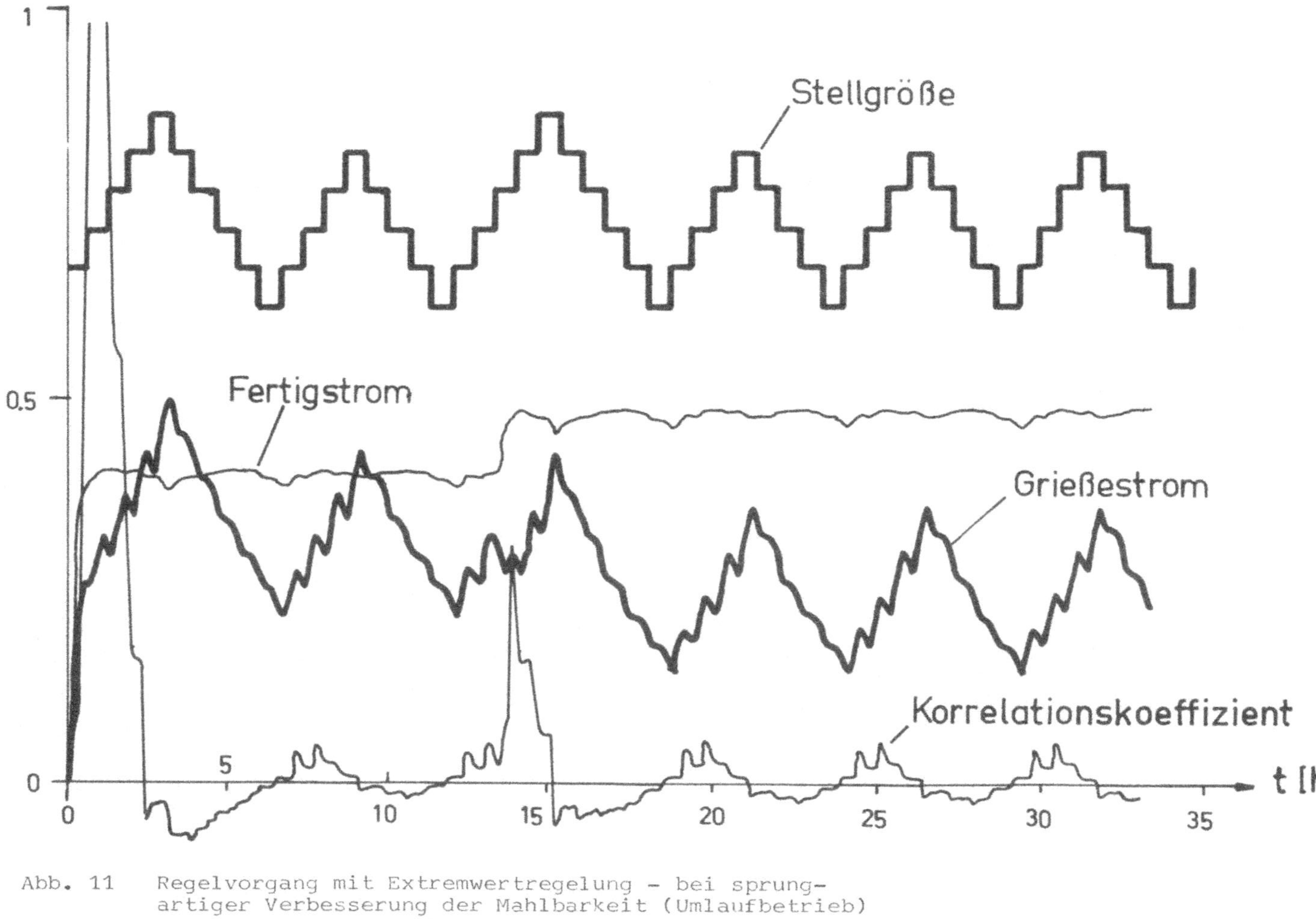

Abb. 11 Regelvorgang mit Extremwertregelung - bei sprungartiger Verbesserung der Mahlbarkeit (Umlaufbetrieb)

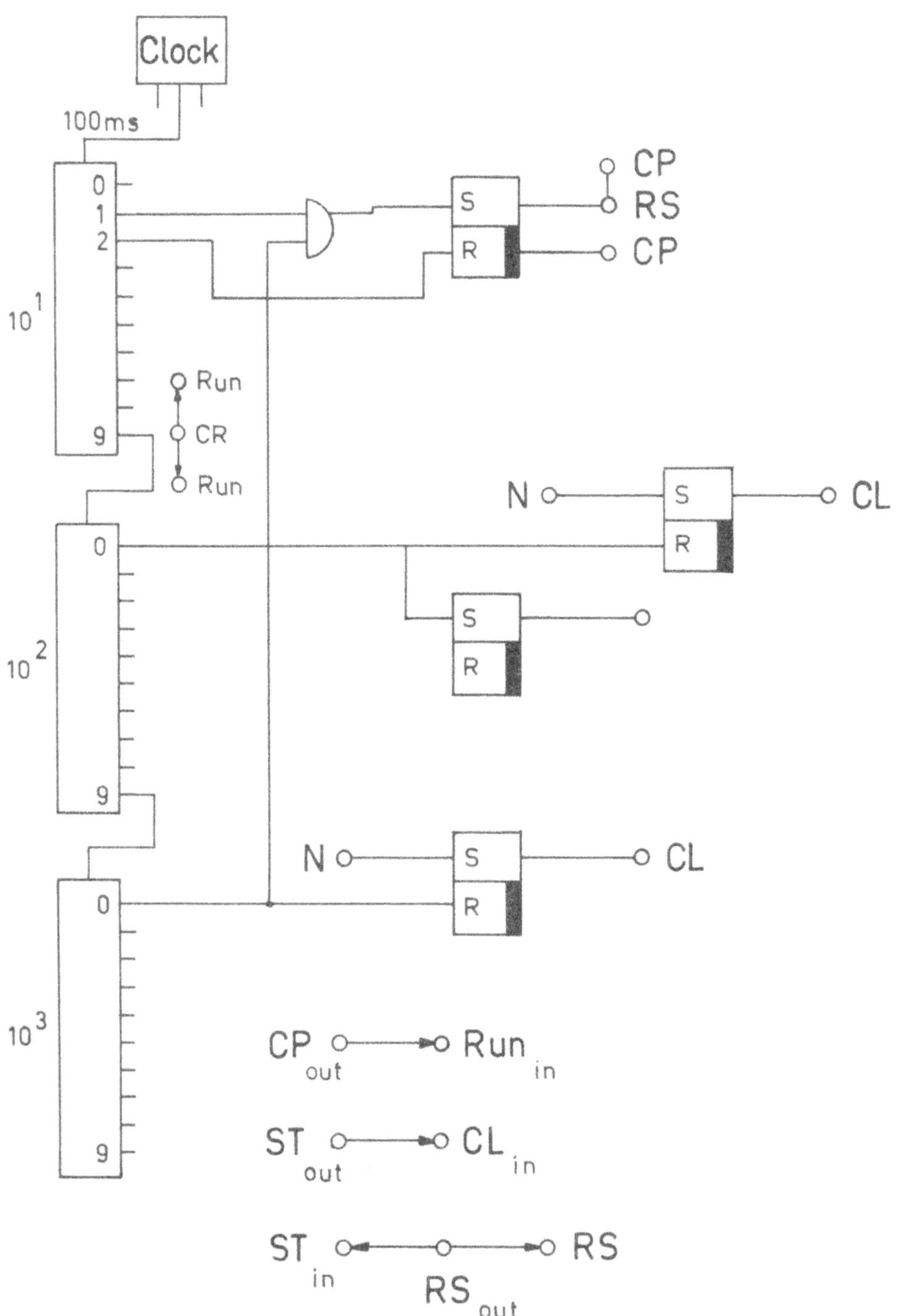

Abb. 12 Extremwertregler (logischer Teil)

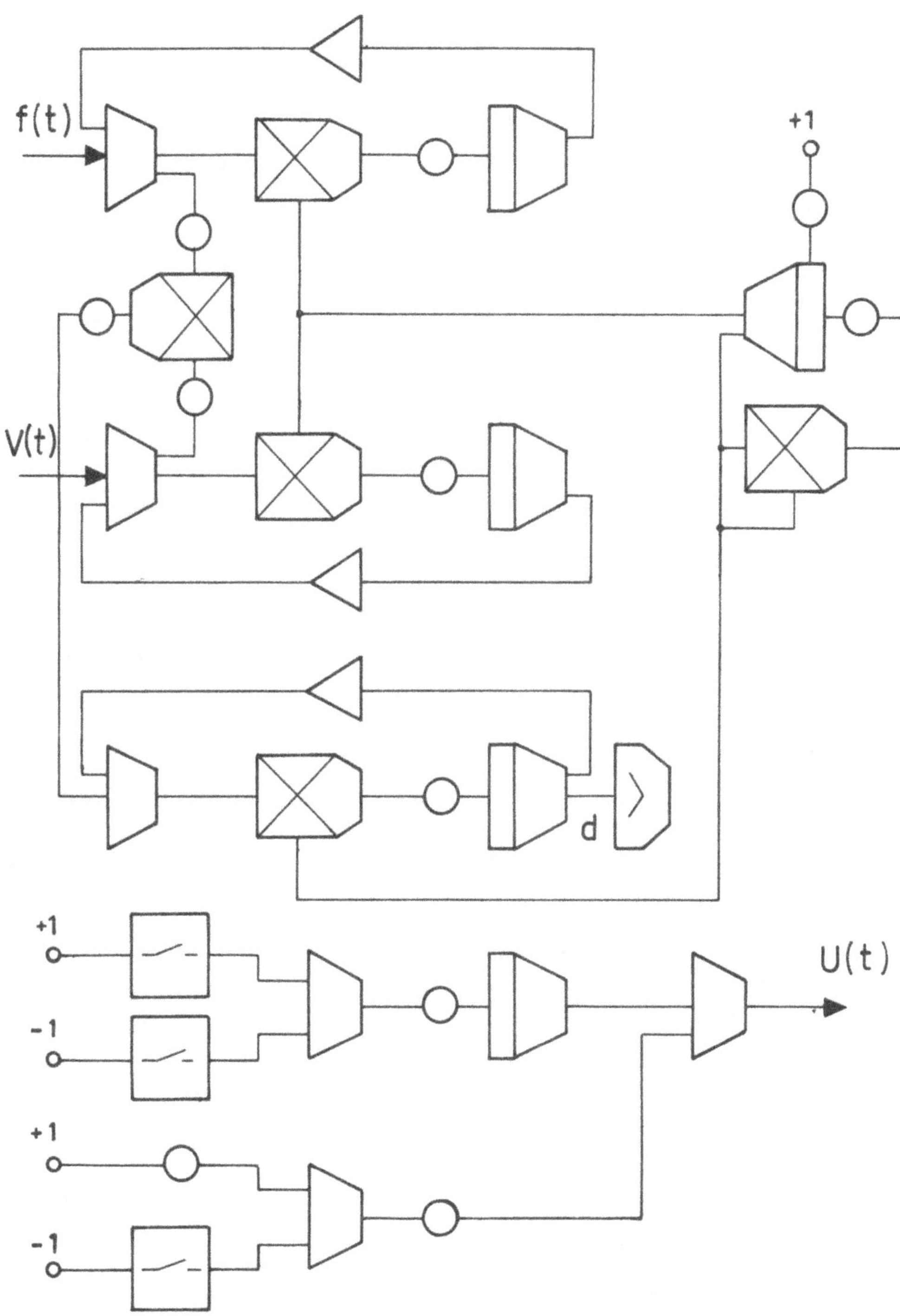

Abb. 13 Extremwertregler (analoger Teil)
f(t)-zeitlicher Verlauf des Füllgrades x_h
U(t)-Führungssignal der Stellgröße"Frischgutstrom"
V(t)-zeitlicher Verlauf des Fertiggutstromes

FORSCHUNGSBERICHTE
des Landes Nordrhein-Westfalen

Herausgegeben
im Auftrage des Ministerpräsidenten Heinz Kühn
vom Minister für Wissenschaft und Forschung Johannes Rau

Die „Forschungsberichte des Landes Nordrhein-Westfalen" sind in zwölf Fachgruppen gegliedert:

Geisteswissenschaften
Wirtschafts- und Sozialwissenschaften
Mathematik / Informatik
Physik / Chemie / Biologie
Medizin
Umwelt / Verkehr
Bau / Steine / Erden
Bergbau / Energie
Elektrotechnik / Optik
Maschinenbau / Verfahrenstechnik
Hüttenwesen / Werkstoffkunde
Textilforschung

Die Neuerscheinungen in einer Fachgruppe können im Abonnement zum ermäßigten Serienpreis bezogen werden. Sie verpflichten sich durch das Abonnement einer Fachgruppe nicht zur Abnahme einer bestimmten Anzahl Neuerscheinungen, da Sie jeweils unter Einhaltung einer Frist von 4 Wochen kündigen können.

WESTDEUTSCHER VERLAG
5090 Leverkusen 3 · Postfach 300 620

GPSR Compliance
The European Union's (EU) General Product Safety Regulation (GPSR) is a set of rules that requires consumer products to be safe and our obligations to ensure this.

If you have any concerns about our products, you can contact us on

ProductSafety@springernature.com

In case Publisher is established outside the EU, the EU authorized representative is:

Springer Nature Customer Service Center GmbH
Europaplatz 3
69115 Heidelberg, Germany

www.ingramcontent.com/pod-product-compliance
Ingram Content Group UK Ltd.
Pitfield, Milton Keynes, MK11 3LW, UK
UKHW061700190726
13853UKWH00008B/2329

* 9 7 8 3 5 3 1 0 2 7 3 3 3 *